中国电子信息工程科技发展研究

卫星通信网络技术发展专题

中国信息与电子工程科技发展战略研究中心

科学出版社

北　京

内 容 简 介

　　本书介绍了卫星通信网络的基本概念及技术特点，阐述了天地融合发展作为未来 6G 网络的重要特征，以及以天地融合为特征的卫星通信网络作为普适性基础设施的重要意义，在总结分析国外卫星通信系统及发展趋势的基础上，聚焦我国卫星通信系统发展现状及面临的挑战，提出发展我国卫星通信技术及产业需要解决的问题，并对未来发展趋势进行展望。

　　本书可帮助电子、通信等领域工程技术人员、技术管理人员、大专院校相关专业学生，以及对卫星通信网络感兴趣的其他读者快速把握全球卫星通信的发展全貌，理解卫星通信网络的关键技术，找到研究切入点。

图书在版编目（CIP）数据

中国电子信息工程科技发展研究. 卫星通信网络技术发展专题 / 中国信息与电子工程科技发展战略研究中心编著.—北京：科学出版社，2021.7

　ISBN 978-7-03-069447-8

　Ⅰ. ①中… Ⅱ. ①中… Ⅲ. ①电子信息-信息工程-科技发展-研究-中国②卫星通信-通信网-科技发展-研究-中国　Ⅳ. ①G203②TN927

　中国版本图书馆 CIP 数据核字（2021）第 145454 号

责任编辑：赵艳春 / 责任校对：胡小洁
责任印制：吴兆东 / 封面设计：迷底书装

科学出版社 出版
北京东黄城根北街 16 号
邮政编码：100717
http://www.sciencep.com

北京虎彩文化传播有限公司 印刷
科学出版社发行　各地新华书店经销

*

2021 年 7 月第 一 版　开本：890×1240 A5
2021 年 7 月第一次印刷　印张：2 1/4
字数：66 000

定价：88.00 元
（如有印装质量问题，我社负责调换）

《中国电子信息工程科技发展研究》指导组

组长：
　　陈左宁　　卢锡城

成员：
　　李天初　　段宝岩　　赵沁平　　柴天佑
　　陈　杰　　陈志杰　　丁文华　　费爱国
　　姜会林　　刘泽金　　谭久彬　　吴曼青
　　余少华　　张广军

国家高端智库

中国信息与电子工程科技发展战略研究中心
CHINA ELECTRONICS AND INFORMATION STRATEGIES

中国信息与电子工程科技
发展战略研究中心简介

中国工程院是中国工程科学技术界的最高荣誉性、咨询性学术机构，是首批国家高端智库试点建设单位，致力于研究国家经济社会发展和工程科技发展中的重大战略问题，建设在工程科技领域对国家战略决策具有重要影响力的科技智库。当今世界，以数字化、网络化、智能化为特征的信息化浪潮方兴未艾，信息技术日新月异，全面融入社会生产生活，深刻改变着全球经济格局、政治格局、安全格局，信息与电子工程科技已成为全球创新最活跃、应用最广泛、辐射带动作用最大的科技领域之一。为做好电子信息领域工程科技类发展战略研究工作，创新体制机制，整合优势资源，中国工程院、中央网信办、工业和信息化部、中国电子科技集团加强合作，于 2015 年 11 月联合成立了中国信息与电子工程科技发展战略研究中心。

中国信息与电子工程科技发展战略研究中心秉持高层次、开放式、前瞻性的发展导向，围绕电子信息工程科技发展中的全局性、综合性、战略性重要热点课题开展理论研究、应用研究与政策咨询工作，充分发挥中国工程院院士，国家部委、企事业单位和大学院所中各层面专家学者的智力优势，努力在信息与电子工程科技领域建设一流的战略思想库，为国家有关决策提供科学、前瞻和及时的建议。

《中国电子信息工程科技发展研究》
编写说明

当今世界，以数字化、网络化、智能化为特征的信息化浪潮方兴未艾，信息技术日新月异，全面融入社会生产生活，深刻改变着全球经济格局、政治格局、安全格局。电子信息工程科技作为全球创新最活跃、应用最广泛、辐射带动作用最大的科技领域之一，不仅是全球技术创新的竞争高地，也是世界各主要国家推动经济发展、谋求国家竞争优势的重要战略方向。电子信息工程科技是典型的"使能技术"，几乎是所有其他领域技术发展的重要支撑，电子信息工程科技与生物技术、新能源技术、新材料技术等交叉融合，有望引发新一轮科技革命和产业变革，给人类社会发展带来新的机遇。电子信息又是典型的"工程科技"，作为最直接、最现实的工具之一，直接将科学发现、技术创新与产业发展紧密结合，极大地加速了科学技术发展的进程，成为改变世界的重要力量。电子信息工程科技也是新中国成立 70 年来特别是改革开放 40 年来，中国经济社会快速发展的重要驱动力。在可预见的未来，电子信息工程科技的进步和创新仍将是推动人类社会发展的最重要的引擎之一。

中国工程院是国家工程科技界最高荣誉性、咨询性学术机构，把握世界科技发展大势，围绕事关科技创新发展的全局和长远问题，为国家决策提供科学、前瞻和及时的建议。履行好国家高端智库职能，是中国工程院的一项重要任务。为此，中国工程院信息与电子工程学部在陈左宁副院长、卢锡城主任和学部常委会的指导下，第一阶段(2015年年底至2018年6月)由邬江兴、吴曼青两位院士负责，第二阶段(2018年9月至今)由余少华、陆军两位院士负责，组织学部院士，动员各方面专家300余人，参与《中国电子信息工程科技发展研究》综合篇和专题篇(以下简称"蓝皮书")编撰工作。编撰"蓝皮书"的宗旨是：分析研究电子信息领域年度科技发展情况，综合阐述国内外年度电子信息领域重要突破及标志性成果，为我国科技人员准确把握电子信息领域发展趋势提供参考，为我国制定电子信息科技发展战略提供支撑。

"蓝皮书"编撰的指导原则有以下几条：

(1) 写好年度增量。电子信息工程科技涉及范围宽、发展速度快，综合篇立足"写好年度增量"，即写好新进展、新特点、新趋势。

(2) 精选热点亮点。我国科技发展水平正处于"跟跑""并跑""领跑"的三"跑"并存阶段。专题篇力求反映我国该领域发展特点，不片面求全，把关注重点放在发展中的"热点"和"亮点"。

(3) 综合专题结合。该项工作分"综合"和"专题"两部分。综合部分较宏观地讨论电子信息科技领域全球发展态势、我国发展现状和未来展望；专题部分对13个子领域中热点亮点方向进行具体叙述。

```
┌─────────────────────────────────────────────────┐
│                   应用系统                          │
│         8.水声        13.计算机应用                 │
└─────────────────────────────────────────────────┘

┌───────────┐  ┌─────────────────────┐  ┌───────────┐
│  获取感知   │  │     计算与控制        │  │ 网络与安全  │
│           │  │                     │  │           │
│  3.感知    │  │    10.控制          │  │ 6. 网络与通信│
│  5.电磁空间 │  │    11.认知          │  │ 7. 网络安全 │
│           │  │ 12.计算机系统与软件    │  │           │
└───────────┘  └─────────────────────┘  └───────────┘

┌─────────────────────────────────────────────────┐
│                    共性基础                        │
│ 1.微电子光电子 2.光学工程 4.测试计量与仪器 9.电磁场与电磁环境效应│
└─────────────────────────────────────────────────┘
```

子领域归类图

　　5 大类和 13 个子领域如上图所示。13 个子领域的颗粒度不尽相同，但各子领域的技术点相关性强，也能较好地与学部专业分组对应。

　　编撰"蓝皮书"仍在尝试阶段，难免存在一些疏漏，敬请批评指正。

中国信息与电子工程科技发展战略研究中心

前　言

近年来，在地面移动通信、互联网和航天技术的推动下，卫星通信特别是超大规模的低轨通信星座成为发展热潮。SpaceX、OneWeb、亚马逊等公司纷纷布局巨型低轨大容量通信星座，O3b 公司不断扩大中轨星座规模和服务能力，高轨高通量界最具代表性的 ViaSat 公司开始研制可达 Tbps 量级的甚高通量通信卫星，基于软件定义卫星技术的欧洲"量子"卫星备受业界瞩目。我国在卫星通信网络方面也加快了发展步伐，鸿雁、虹云等低轨星座开展了试验工作，中轨宽带玫瑰星座 2021 年发射试验卫星，高轨高通量亚太 6D 卫星 2020 年成功发射，以相控阵捷变波束为特征的、高低轨协同组网的天地一体化信息网络试验试用系统即将部署。

未来，6G 将实现地面网络与空间网络的天地融合，通过天地一体化设计和多维立体覆盖来实现全球泛在通信服务能力。在此背景下，3GPP、ITU、Sat5G 等国际组织都积极开展了卫星与地面网络融合的相关技术研究、标准制定和试验验证工作。此外，卫星通信在通导遥一体化方面的综合应用越来越普遍。以 5G、物联网、工业互联网、卫星互联网为代表的通信网络基础设施已纳入了我国新基建的范畴。以天地融合为特征的卫星通信网络作为全面推动数字化、网络化、智能化的国家战略型基础设施，将极大地推动各行各业的转型与创新发展[1]。

第 1 章主要介绍卫星通信网络的基本概念及技术特点；第 2 章重点介绍了国外典型的高中低轨卫星通信系统及发展趋势；第 3 章介绍了我国典型的高中低轨卫星通信系统发展现状及面临的挑战；第 4 章梳理了发展我国卫星通信技术及产业需要解决的问题；第 5 章给出了未来技术发展展望。

目 录

第1章 卫星通信网络的概念及特点

1.1 卫星通信网络的概念

卫星通信通常指以人造地球卫星作为中继，转发或反射无线信号，在卫星通信地球站之间或地球站与航天器之间的通信。卫星通信在广播电视、移动通信及宽带互联网等领域的应用十分广泛，是航天技术与通信技术结合的成功范例。

卫星通信网络一般由空间段、地面段和控制段组成，通过星地融合网络设计，为陆海空天不同场景的用户提供无处不在的通信服务。其中，空间段主要包括在空间轨道上作为无线电中继站的通信卫星或星座；地面段主要指信关站、终端及相关地面信息基础设施，用户终端有固定、车载、舰载和机载等多种形式；控制端包含系统运行所必须的跟踪、遥测与遥控设施系统[2]。

卫星通信网络可以采用同步轨道(Geostationary Earth Orbit，GEO)、高椭圆轨道(Highly Elliptical Orbit，HEO)、中轨道(Medium Earth Orbit，MEO)或者低轨道(Low Earth Orbit，LEO)卫星作为空间段。目前，GEO通信卫星数量较多，但随着全球(包括南、北两极地区)移动、宽带通信业务的发展，LEO 卫星通信星座也在大力发展中。

1.2　卫星通信网络的特点

1945 年 10 月，英国人阿瑟·C·克拉克在第 10 期《无线电世界》中提出了通过 3 颗地球同步轨道卫星实现全球通信的设想。自 1957 年第一颗人造卫星发射以来，卫星通信技术发展迅速并日益成熟，已逐渐成为远距离通信、远洋及航空通信、国防军事通信以及行业专网通信的重要手段。随着互联网以及数字多媒体等业务的快速发展，通信个体化、机动性及全覆盖等需求的急速增长，卫星通信网络的重要性日益凸显。相较于微波中继通信及其他通信方式，卫星通信主要具备以下特点[3]：

第一，覆盖面积大、通信距离远。地球同步轨道卫星距离地球表面约 35786km，单颗卫星可覆盖地球表面积的42%以上，因此，通过在地球同步轨道均匀部署 3 颗通信卫星就可实现除两极附近地区以外的全球通信。在天地远距离通信上，尤其是人烟稀少的地区和海洋区域，卫星通信比微波中继、电缆、光纤及短波无线电通信具有更明显的优势。此外，卫星通信网络覆盖范围广，其覆盖范围内的用户均为潜在的市场，相较于其他通信手段具有更有强的市场竞争力。

第二，组网方式灵活，支持复杂的网络结构。相较于地面网络，卫星通信网络可为分布在广阔地域内的个人、机载、船载、舰载等各类用户提供移动通信、宽带接入、导航增强、星基监视等多种业务。卫星通信网络灵活多样，可在单点、多点之间灵活通信，不需要地面网络复杂的多播协议。此外，借助通信卫星的多波束传输、星上交换和处理技术，多个地球站可以灵活组网，可以支持干线传输、电视广播、新闻采集等多种服务。

第三，安全可靠，对地面基础设施依赖程度低。卫星通信网络的通信链路环节少，且无线电波主要在自由空间传播，因此，通信链路稳定性和可靠性较高。此外，卫星部署位置高，受地面条件限制少，在发生自然灾害和战争的情况下，利用卫星进行通信是安全可靠的一种通信手段，有时甚至是唯一有效的应急通信手段。

第四，机动范围大，地球站建设不受地理条件限制。地球站可建在偏远地区，以及海岛、大山、沙漠、丛林等地形地貌复杂区域，也可装载于汽车、飞机和舰艇上；既可以在静止时通信，也可以在移动中通信。从真正意义上实现了任何时间、任何地点的信息获取和通信，因此，卫星通信网络在军事通信领域应用广泛。

第 2 章　国外卫星通信
系统发展态势

2.1　高轨卫星通信系统发展现状

自 20 世纪 60 年代以来，数以百计的通信卫星已成功发射，并可为远距离通信和电视传输提供重要的基础保障。按照轨道形状分类，高轨卫星通常包含 GEO 卫星和 HEO 卫星，其中，GEO 卫星位于赤道上空，距离地球表面35786km,通信传输时延(1 跳,终端-卫星-终端)约为270ms。HEO 卫星比较典型的有俄罗斯"宇宙"(Cosmos)系列高轨侦察卫星，在通信领域应用较少，本书不做赘述。

2.1.1　WGS 通信系统

1997 年，美国国防部提出发展新一代宽带通信卫星系统(WGS)，用于接替"国防卫星通信系统"(DSCS)，以满足在"转型卫星体系"(TSAT)部署之前美军通信需求[4]。该系统于2007年开始正式部署,空间段计划由10～12 颗 GEO 卫星构成，可实现星上信号处理和交换，目前已经成功发射 10 颗卫星。卫星基于波音 702 卫星平台制造，工作在 X 频段和 Ka 频段，具备双向 Ka 频段通信能力，通信容量为 1.2～3.6Gbps，瞬时最高容量可达4.875Gbps，使其具备了语音、数据、图像等多媒体信息高速率传输能力。WGS 系统具有 19 个独立覆盖范围,业务范围覆盖南北纬 65°以内,当用于军事活动时,业务范围可扩展到北纬 70°～南纬 65°。系统采用了星上数字信道化器、射频旁路等大量先进技术,作为美军容量最大的宽带卫星通信系统可提供多媒体高速通信、实时数据传输等作战信息支持。

2.1.2　Inmarsat 通信系统

Inmarsat 最初是由联合国国际海事组织发起的,国际海事卫星组织开发的卫星移动通信系统,到目前共发展了 5 代。空间段由 13 颗 GEO 卫星组成(Inmarsat-3 在轨 4 颗,Inmarsat-4 在轨 4 颗,Inmarsat-5 在轨 5 颗),实现了除两极以外的全球覆盖。2015 年推出的基于 Inmarsat-5 卫星的全球高速移动网络[5],采用全 IP 体制,提供 Inmarsat-GX 超高速移动宽带业务,每颗卫星有 89 个固定转发器和 6 个大容量机动转发器,单个转发器容量可达 50 Gbps。Inmarsat-5 配置了全球波束、固定点波束、高容量点波束等 3 种类型波束,其中用户数据使用固定点波束和高容量点波束。卫星通过频率复用使整星可用带宽达到 5.76 GHz,单个点波束的通信速率可达 50Mbps(下行)/5Mbps(上行)。Inmarsat-5 卫星通信系统继承了前四代的特点,成为全球第一个超高速卫星宽带网络持续为全球海上、陆地和航空各行业提供无缝、安全、稳定、可靠的通信服务。

2.1.3　ViaSat 通信系统

美国卫讯(ViaSat)公司分别于 2011 年、2017 年发射了

ViaSat-1 和 ViaSat-2 宽带通信卫星，从此开启了全球高轨高通量时代。

ViaSat-1 采用 Ka 频段多波束天线提供宽带服务，下载速率可达 12 Mbps，总容量为 140 Gbps，可为 200 万以上用户提供宽带接入服务，超过当时北美各频段卫星宽带容量的总和。

ViaSat-2 卫星为迄今为止波音公司发射的最大容量卫星，整星容量约 350 Gbps，可为 250 万用户提供最高可达 25 Mbps 的宽带服务，覆盖面积是 ViaSat-1 卫星的 7 倍。

ViaSat-3 由 3 颗 GEO 卫星和新型地面网络基础设施组成，预计 2022 年完成部署。其中，第 1 颗将向美洲提供服务，第 2 颗将覆盖欧洲、中东和非洲，第 3 颗将向亚太市场提供服务[6]，每颗 ViaSat-3 卫星预计将提供超过 1 Tbps 的总容量。当完成部署后，ViaSat 将有可能成为全球第一家宽带服务提供商，除了民用服务，还将为商业航空和高价值的政府交通运输提供空中连接服务和视频流服务，并且能够为全球数十亿未联网的用户提供价格合理的卫星 WiFi 连接。

2.1.4　EDRS 项目

欧空局(ESA)发布的"欧洲数据中继卫星"(EDRS)项目[7]，旨在 GEO 轨道通过激光通信技术为低轨卫星和空中平台提供中继服务。第 1 颗激光通信卫星 EDRS-A 于 2016 年 1 月成功发射，定点于中非上空，为欧洲提供服务，成为商业运营的激光中继卫星通信系统。第 2 颗激光通信卫星 EDRS-C 于 2019 年 8 月成功发射，位于 EDRS-A 东侧。

EDRS-A 配置激光通信载荷和 Ka 频段微波载荷，EDRS-C 仅配置光学载荷。据统计，EDRS 每天可中继至少 50 Tbit 的数据量，具有"高级"和"哨兵"两种模式："高级"模式使用激光通信载荷提供 1.8 Gbps 高速传输服务，距离可达 45000 km；"哨兵"模式使用 400 MHz 带宽的 Ka 频段微波载荷，提供 300 Mbps 的低速传输服务。ESA 计划在 2025 年补充第 3 颗卫星 EDRS-D，位于亚太上空，实现全球数据中继服务，可为地球观测卫星和空中平台的敏感数据提供加密高速传输服务，提高政府部门的自然灾害监测和响应能力。

2.1.5　Eutelsat-Quantum 项目

欧洲"量子"卫星(Eutelsat-Quantum)项目于 2015 年 7 月 9 日由欧洲航天局(ESA)联合欧洲通信卫星公司(Eutelsat)提出，是由 3 颗 GEO 卫星构成的卫星通信网络。"量子"卫星采用 GMP 平台，发射质量为 3.5 吨，设计寿命 15 年。作为搭载软件定义灵活载荷的卫星，可对覆盖、频率、带宽和功率进行在轨重构。工作频段覆盖全 Ku 频段，通信容量可达 6~7 Gbps，定点于西经 12.5°，覆盖美洲、欧洲和非洲[8]。基于软件定义卫星技术的欧洲"量子"卫星一经推出便备受瞩目，使空间应用软件定义无线电技术进入到了工程应用阶段，为未来卫星通信技术提供了一个新的方向。

2.1.6　系统指标对比

国外高轨卫星通信系统指标对比如下表所示。

表 2-1　国外高轨卫星通信系统指标对比

参数 \ 星座	WGS	Inmarsat	ViaSat	EDRS	Quantum
卫星数量	10	13	2	2	2
覆盖范围	全球覆盖	全球覆盖	美洲、加勒比海、夏威夷	非洲、欧洲	美洲、欧洲、非洲、亚洲
卫星质量/kg	4536	6100	6418	5200	3500
卫星寿命/年	12	15	14	15	16
单星容量/Gbps	3.6	5.76	260	1.8	6～7
工作频段	Ka、X	Ka	Ka	1064nm、Ka	Ku
波束数量	10个固定 8个可调 1个全球	89个固定 6个可调	/	/	8发8收
天线	2副X频段相控阵天线、10副Ka频段抛物面天线	/	4副收发共用SFB单反射面多波束天线	/	/

2.2　中低轨卫星星座发展现状

中低轨卫星通信网络从 20 世纪 90 年代末开始进入低谷期后，近年随着移动互联网以及物联网的兴起，迎来一个崭新的发展高潮。使用 L、S、VHF 等低频段的"铱星"(Iridium)、"全球星"(GlobalStar)、"轨道通信系统"(Orbcomm)的三大低轨移动通信卫星网络已经完成更新换代，开始向物联网以及宽带化方向发展；一网公司(OneWeb)、太空探索公司(SpaceX)、低轨卫星公司(LeoSat)、加拿大电信卫星公司(TeleSat)、亚马逊(Amazon)公司等提出的 Ku、Ka 甚至 Q/V 等更高频段的新兴卫星互联网计划，弥补了传统移动通信星座宽带不足的短板，成为当下热点。

2.2.1　O3b 星座

O3b 星座是 other 3 billion 的简称，号称要为全球无法连接互联网的"另外 30 亿人"提供互联网接入服务。O3b 星座由 20 颗 MEO 卫星构成，工作在高度 8062km 的赤道面上，端到端传输时延为 150ms。卫星配置了 12 副 Ka 频段方向可调的蝶形天线，其中 10 个为用户波束，2 个为馈电波束。工作时，用户需在多个卫星或波束间进行切换，单个用户可享受的最高信息速率为 500Mbps。O3b 星座采用透明转发模式，无星间链路，在地面信关站进行信息交换[9]。O3b 第一代星座 20 颗卫星已于 2019 年 4 月完成发射。2017 年 11 月，O3b 公司向联邦通信委员会（Federal Communications Commission，FCC）提出了新的申请，即包含 22 颗 MEO 卫星的第二代 O3b 星座，第二代星座将运行于倾斜轨道和赤道轨道。第二代 O3b 卫星较第一代单星容量提高 10 倍，具有更先进的卫星平台和电推技术，搭载了数字信道化器，具有波束赋形能力。

2.2.2　铱星(Iridium)系统

Iridium 系统于 1987 年由美国提出，1998 年建成并开始商业运营，是全球唯一采用星间链路组网、全球无缝覆盖的低轨星座系统。Iridium 系统[10]由运行在 778km 高度的 66 颗卫星构成，轨道倾角 86.4°，卫星采用 3 副天线产生用户波束，参考了 GSM 技术体制，具有 Ka 频段星间链路。Iridium 系统全球设立了 12 个信关站实现业务落地，网控中心位于华盛顿州(在罗马部署备用中心)。由于收入远不如预期，Iridium 公司在经历 17 个月运营后于 2000 年 3 月宣布破产，后经过破产重组，并于 2007 年 2 月启动下一代铱星计划，即 Iridium Next。重组后的铱星公司依靠美国国防部的巨额订单扭亏为盈。

Iridium Next[11]通过对第一代卫星的逐步替换，实现了更好的话音质量和更高的信息速率，L 频段业务高达 1.5 Mbps，Ka 频段业务高达 8 Mbps。此外，Iridium Next 还具备 AIS(Automatic Identification System，船舶自动识别系统)、ADS-B(Automatic Dependent Surveillance-Broadcast，广播式自动相关监视)以及全球气象水文监测、多光谱对地成像等功能，并可搭载其他有效载荷，由个人移动通信向综合业务发展。

2.2.3　全球星(GlobalStar)系统

GlobalStar 系统由劳拉公司以及高通等十几家空间、卫星和通信公司建设，1999 年开始商业运营。GlobalStar 星座由部署在 8 个轨道面的倾角 56°、高度 1414km 的 48 颗卫星组成，无星间链路设计，需要依托信关站实现服务。

GlobalStar 卫星采用星上透明转发,通过 16 个 L 频段(上行)和 S 频段(下行)点波束进行服务，技术标准上参考了 IS-95[12]。GlobalStar 系统同样经历了破产重组，并于 2004 年 4 月重新运营。第二代 GlobalStar 提高了系统容量和速率，新增了宽带、ADS-B、AIS 等业务。

2.2.4　轨道通信(Orbcomm)系统

Orbcomm 系统是美国 Orbcomm 公司拥有的全球领先的物联网卫星通信系统，于 1996 年 2 月启动全球服务。Orbcomm 系统工作于 VHF 频段，无星间链路，采用存储转发模式，可提供廉价的双向数据短报文服务。系统包括 24 颗一代星 Orbcomm-1、17 颗二代星 Orbcomm-OG2 及 16 个地面站，卫星部署在 7 个不同倾角的轨道平面，轨道高度约 740~975km。Orbcomm-1 卫星配置 UHF、VHF 通信载荷，卫星发射机信息速率为 4800 bps，接收机信息速率为 2400 bps，通过配置多个接收机来接收用户的突发短数据。与 Orbcomm-1 相比，Orbcomm-OG2 卫星质量增加到原来的 4 倍，接入能力增加了 6 倍，容量更大、能力更强、效率更高且更具竞争力。Orbcomm 提供的 AIS 业务目前拥有全球最多的用户数量，每天处理来自大约 15 万艘船只超过 1800 万条 AIS 消息。

2.2.5　一网(OneWeb)星座

OneWeb 星座是由"一网"(OneWeb)公司提出的新一代卫星互联网星座，美国 FCC 于 2017 年 6 月批准了该星座计划。依据最新的 FCC 申请文件，OneWeb 规划包含 716 颗卫星的 Ka、Ku 频段 LEO 星座和 2560 颗卫星的 V 频段

MEO 星座。LEO 星座轨道高度 1200km，其中 588 颗位于倾角为 87.9°的极地轨道，128 颗位于倾角为 55°的倾斜轨道。OneWeb 采用星上透明转发，每颗卫星提供 2 个 Ka 频段馈电波束和 16 个 Ku 频段椭圆形用户波束，单星容量约 8 Gbps，业务需通过信关站进行转发[13]。由于财务困难，2020 年 3 月，OneWeb 公司在共发射 74 颗卫星后申请破产保护。2020 年 7 月，经过资产拍卖，英国政府和来自印度的全球第三大移动运营商 Bharti Global 各出资 5 亿美元，分别收购 45%股份，剩下的 10%股份由债权人持有。2020 年 12 月 18 日，OneWeb 重组后首次完成 36 颗卫星发射，截至 2021 年 4 月，已累计发射 146 颗卫星，计划 2021 年向英国、阿拉斯加、北欧、格陵兰、冰岛、北极海和加拿大等地的客户提供网络服务，2022 年实现全球服务。

2.2.6　星链(Starlink)星座

2015 年，SpaceX 公司提出了下一代卫星互联网项目——Starlink 星座。Starlink 是一个由多种轨道高度组成的极轨和倾斜轨混合的星座。Starlink 建设大致分三个阶段：第一阶段在 550km 轨道部署 1584 颗 Ku/Ka 频段卫星，形成除南北极外的全球基本覆盖，通信总容量约 31Tbps；第二阶段在 1100km 轨道部署 2825 颗 Ku/Ka 频段卫星，完成全球组网；第三阶段在 330km 轨道部署 7518 颗 Q/V 频段卫星，组成 VLEO 星座，进一步提升系统容量[14]。Starlink 卫星配置了包含相控阵的高级数字有效载荷，允许每个波束单独成形和转向，且配备了高效能的离子推进器，采用"氪"为工质，后期还将通过激光星间链路进行空间组网。1.0

版本的 Starlink 卫星搭载了 4 部高通量相控阵天线，用户链路采用 Ku 频段，馈电链路采用 Ka 频段，可形成 8 个以上用户点波束，单星容量超过 20Gbps[15]。截至 2021 年 4 月，SpaceX 公司利用自家"猎鹰"火箭共发射了 1383 颗卫星，其中约有 1369 颗仍在轨道上，至少 1356 颗正在按预期运行，900 多颗已经到达最终轨道并投入运行，且实现了猎鹰 9 号火箭助推器和整流罩的重复使用，成为世界第一大卫星运营商。

2.2.7 Telesat 星座

Telesat 星座是由加拿大 Telesat 公司 2017 年 6 月提出的混合双低轨卫星系统，包含近极轨和倾斜轨两种轨道的 117 颗卫星。近极轨卫星的倾角 99.5°，高度 1000 km，由 6 个轨道面组成，每个平面 12 颗卫星，共 72 颗卫星；倾斜轨道卫星倾角 37.4°，高度 1250 km，由 5 个轨道面组成，每个平面 9 颗卫星，共 45 颗卫星。Telesat 卫星携带具有直接辐射阵列(Direct Radiating Array, DRA)有效载荷，具有星上处理转发功能。DRA 在上、下行均可实现 16 个 Ka 频段用户点波束，具有波束成形(beam-forming)和波束调形(beam-shaping)功能。Telesat 卫星通过激光星间链路实现倾斜轨和近极轨星座内和星座间的组网，主要解决卫星通信系统的全球覆盖应用，满足各领域对高带宽、低时延通信的要求[15]。2018 年 1 月 12 日，Telesat 成功发射了第二颗试验星，预计整个星座 2021 年开始运营，将拥有太字节的通信容量。根据 2020 年 5 月 Telesat 的 FCC 文件，Telesat 星座仍保持极轨加倾斜轨道的混合构型，但卫星总数已经增加至 1671 颗。

2.2.8　LeoSat 星座

LeoSat 星座由 LeoSat 公司 2013 年提出，目标是通过 108 颗 LEO 卫星构建一个高通量卫星网络，提供企业级、高速和超安全的全球数据传输服务，并于 2018 年 11 月 16 日取得 FCC 授权服务。LeoSat 星座轨道高度 1400km，部署在 6 个轨道面，每个轨道面有 18 颗卫星，采用 π 型 walker 星座。卫星用户链路和馈电链路均采用 Ka 频段，可提供 1.6Gbps 带宽的用户波束，实现 5.2 Gbps 的馈电速率。LeoSat 卫星将通过星间激光组网，实现每颗卫星 4 条 10 Gbps 的星间链路。2019 年 11 月，据报道 LeoSat 公司因缺乏投资而停止运作并解聘多名高管，目前，LeoSat 尚未申请破产，公司创始人正在研究复活方案。

2.2.9　柯伊伯(Kuiper)星座

Kuiper 星座由亚马逊公司提出，据 2019 年 7 月 FCC 资料显示，Kuiper 由分布在 590 km、610 km 和 630 km 轨道高度的 3236 个 Ka 频段卫星组成，卫星设计寿命 7 年，以提供高速、低延迟的卫星宽带服务。该系统采用先进的通信天线、子系统和半导体技术，可提供经济高效的个人和企业宽带服务、互联网协定传送、载波级以太网、无线回程等业务。此外，Kuiper 通过软件定义网络(Software Defined Network, SDN)来实现最大化频谱复用以及灵活调整容量，以满足特定区域客户需求。Kuiper 星座分 5 批发射，第一批包括 578 颗卫星，向北纬 39°到北纬 56°间、南纬 39°到南纬 56°间提供互联网服务，剩余 4 批发射可将覆盖区域扩大到赤道地区。

2.2.10　星座指标对比

国外中低轨卫星通信系统指标对比如表 2-2 所示。

表 2-2　国外中低轨卫星通信系统指标对比

指标＼星座	O3b	Iridium NEXT	GlobalStar	Orbcomm	OneWeb	Starlink	Telesat	LeoSat	Kuiper
卫星数量	20	66	48	41	720	4万	117	108	3236
轨道类型	中低轨道8062km	近极轨780km	1400km	倾斜圆轨道、近极轨	近极轨1200km	330km、550km、1100km	1000km、1248km	近极轨1400km	590km、610km、630km
工作频段	Ka	L为主,支持Ka	L、S、C	VHF	Ku	Ku、Ka、V	Ka、Ku、C	Ka	Ka
星间链路	无	有(微波)	无	无	无	有	有	有(激光)	/
全球服务能力	南、北纬45°	支持	南北纬70°	支持	不支持	支持	北纬65°~90°	支持	支持
支持业务	透明转发、转发器出租	移动通信、宽带通信、ADS-B、导航增强、物联网	移动通信、宽带通信AIS、ADS-B、M2M	短数据传输、AIS数据(星上存储转发)	宽带互联网接入	宽带互联网接入、物联网	移动通信、宽带通信	宽带通信、高速数据传输	宽带通信、载波级以太网、无线回程
业务传输能力	500Mbps	移动:1.5Mbps;宽带:8Mbps	语音及9.6Kbps数据	一代:2.4Kbps(上行)/4.8Kbps(下行);二代:能力提升4倍以上	50Mbps(0.3m终端)	下载速率最高1Gbps,时延15ms	总容量8Tbps	点对点连接可达1.6Gbps	/

续表

星座\指标	O3b	Iridium NEXT	GlobalStar	Orbcomm	OneWeb	Starlink	Telesat	LeoSat	Kuiper
天线波束配置	12副指向可控的蝶形天线各形成一个点波束	L：48个固定点波束，对地视场覆盖；Ka：2个对地视场机械可调点波束	16个点波束	对地视场覆盖	16个固定点波束(用户链路)	4部Ka相控阵天线，1部Ku天线，可形成8个以上用户波束	具有波束成形和波束调形功能，可形成16个以上点波束	10个对地视场机械可调点波束(用户链路)	/
单星质量/kg	700	860	700	≤50	约150	260	/	约800	/

2.3　天地融合网络

卫星通信界对天地融合网络已探索 20 余年。早在 21 世纪初，美国为了适应"网络中心战"的需求，提出了转型通信体系(Transformational Communications Architecture, TCA)，通过将陆海空天网络进行整合以提供一个安全可靠的通信系统。TCA 的空间段称为转型通信卫星系统(Transformational Satellite, TSAT)[16]，由 6 颗 GEO 转型卫星的星座系统和 3 颗高倾角卫星组成的先进极地系统(Advanced Polar System, APS)构成。TSAT 星座的卫星之间完全铰链，通过 EHF、X、Ka 等极高频段和激光提供军事情报、监视和侦察服务，形成空间高速数据骨干网，实现大容量信息共享，并将美军全球信息栅格(Global Information Grid, GIG)延伸到全球每个角落。虽然作为TCA 重要组成部分的 TSAT 由于技术、经费等一系列因素于 2009 年被取消，但其天地网络融合的思想依然体现在美军后续卫星通信网络设计中[17]。2005 年，欧洲成立了一体化卫星通信倡议(Integral Satcom Initiative，ISI)技术联盟，提出了一体化全球通信空间基础设施(Integrated Space Infrastructure for Global Communication, ISICOM)构想。ISICOM 采用基于 IP 的激光和微波空间组网，通过对伽利略导航系统和 GMES 系统提供增值服务，最终形成具有超高速率的大容量天地融合的通信网络。ISICOM 的空间节点单元以地球同步轨道卫星或地球倾斜同步轨道卫星(GEO/GSO)为核心基础结构，结合中低轨卫星(MEO/LEO)、高空平台(High Altitude Platform Station, HAPS)、无人机(Unmanned Aerial Vehicle, UAV)等不同卫星或平台提供全球覆盖和空地连接，完成天地一体的信息网络的构建[18]。此外，美国 SkyTerra 卫星通过地面辅助基站(Ancillary Terrestrial Component, ATC)解决传统通信卫星在城市及室内覆盖不好的问题，以频率资源共用和采用相似的空口波形来实现天地资源对用户的协同服务[19]。

国际各标准组织以及业内企业多年前便开始研究地面移动通信网络与卫星通信网络的天地融合。2017 年 6 月，欧洲卫星公司(SES)、萨里大学等 16 家欧洲企业及研究机构联合成立了 SaT5G(Satellite and Terrestrial Network for 5G)组织，旨在研究卫星通信网络与地面 5G 的融合技术，开发具有高经济效益的"即插即用"5G卫星通信解决方案，加速5G部署。

SaT5G组织研究的关键技术包括卫星网络功能虚拟化、卫星5G融合的资源管理机制、星地接入的优化与协调等。SaT5G以5G的增强移动宽带(Enhanced Mobile Broadband, eMBB)场景为重点，选择了以下4种eMBB卫星用例作为工作重点：

(1) 多媒体内容和多址接入边缘计算/虚拟网络功能(MEC/VNF)软件的边缘分发与分流，通过组播和缓存来优化5G网络基础设施运行和配置；

(2) 5G固定回传，特别是为难以或无法部署地面通信的地区提供5G服务；

(3) 5G到户，通过天地融合的混合宽带连接为无法连接互联网的地区提供5G服务；

(4) 5G移动平台回传，为移动平台(如飞机、舰船和火车)提供5G服务。

依托SaT5G项目研究成果推动了3GPP多项卫星与5G融合的标准化工作，其中包括TR38.811、TR22.822等重要报告。3GPP从R14版本中开始研究卫星通信与地面移动网络的融合，通过将卫星作为5G的接入方式之一，探索卫星在5G系统中的优势。R15与R16对卫星通信与地面5G的融合做了进一步研究，主要技术报告和技术标准包括：TR38.811，主要阐述了非地面网络的作用和角色[20]；TR38.821，主要对非地面网络及其场景进行了描述[21]；TR22.822，对卫星访问5G的用例进行了分类。

R17作为5G标准的第三阶段，除了对R15/R16特定技术进一步增强外,将基于现有构架与功能从技术层面持续演进,全面支持物联网应用。2019 年 12 月, 3GPP 公布了 R17 阶段的 23 个标准立项, 其中 5G 的非地面网络由法国泰雷兹(Thales)公司牵头, 而窄带物联网(Narrow Band Internet of Things, NB-IoT)、基于 LTE 演进的物联网(LTE enhanced MTO, eMTC) 的非地面网络由中国台湾公司联发科(Mediatek)和欧洲通信卫星公司(Eutelsat)共同牵头。在 R17 阶段, 3GPP 将继续非地面网络(Non-Terrestrial Networks, NTN)的 5G NR 增强的标准工作研究, 通过卫星、高空平台与 5G 的融合, 开展高精度定位、覆盖增强、组播广播等方向的探索性研究。根据 3GPP 目前的时间表, R17 RAN1 的工作已经启动, 其中 "NR over NTN" 将持续到 2021 年第一季度, "NB-IoT over NTN" 计划于 2021 年初启动[22]。

表 2-3 给出了 3GPP 在 TR38.811 定义的 5 种 5G 非地面网络典型部署场景, 涵盖了 GEO、Non-GEO 等多种形式的卫星。传输频率考虑了 S、Ka 等频段, 传输带宽可达 800MHz, 考虑采用频分双工(Financial Due Diligence, FDD) 模式, 支持固定、可移动点波束等多种卫星载荷形式, 主要支撑室外条件下的 eMBB 场景。3GPP 定义的 NTN 终端包括手持终端等小型终端和甚小口径天线地面站(Very Small Aperture Terminal, VSAT)。其中手持终端由窄带或宽带卫星提供接入服务, 频率一般在 6GHz 以下, 下行速率约为 1~2Mbps(窄带)。VSAT 一般作为中继节点搭载于船舶、列车、飞机等移动平台, 由宽带卫星提供接入服务, 频率一般在 6GHz 以上, 下行速率约为 50Mbps。根据表 2-3, 在星地功能分割上, 3GPP 只考虑了星上搭载完整基站 gNB

或者只有射频单元 RRH(Remote Radio Head)两种形式。

表 2-3　　5G 非地面网络典型部署场景

部署场景	场景 1	场景 2	场景 3	场景 4	场景 5
轨道平台与高度	GEO(35786km)	GEO(35786km)	Non-GEO(最低600km)	Non-GEO(最低600km)	高度在8km～50km无人飞行系统
载波(平台-终端)	(Ka 频段)上行：约30GHz下行：约20GHz	(S 频段)上/下行：约2GHz	(S 频段)上/下行：约2GHz	(Ka 频段)上行：约30GHz下行：约20GHz	约 6GHz
波束模式	固定波束	固定波束	移动波束	固定波束	固定波束
双工模式	FDD	FDD	FDD	FDD	FDD
信道带宽(DL+UL)	最高2×800MHz	最高2×20MHz	最高2×20MHz	最高2×800MHz	最高2×80MHz(移动用户)2×1800MHz(固定用户)
非地面网络终端类型	VSAT(固定或移动)	UE(3GPP class 3)	UE(3GPP class 3)	VSAT(固定或移动)	UE(3GPP class 3)和VSAT
非地面网络终端分布	100%室外	100%室外	100%室外	100%室外	室内和室外
非地面网络终端速度	最高可达1000km/h(例如飞机)	最高可达1000km/h(例如飞机)	最高可达1000km/h(例如飞机)	最高可达1000km/h(例如飞机)	最高可达500km/h(例如高铁)

续表

部署场景	场景 1	场景 2	场景 3	场景 4	场景 5
接入方式	GEO 基于中继的间接接入	GEO 的直接接入	Non-GEO 的直接接入	Non-GEO 基于中继的间接接入	支持 3GPP 移动用户的低时延服务(包含室内和室外)
支持用例	增强型移动宽带(eMBB):多播,固定蜂窝连接,移动蜂窝连接,网络弹性,边缘网络传输,移动蜂窝混合连接,节点组播直连/广播	增强型移动宽带(eMBB):区域公共安全,广域公共安全,移动广播直连,广域物联网服务	增强型移动宽带(eMBB):区域公共安全,广域公共安全,广域物联网服务	增强型移动宽带(eMBB):多归属,固定蜂窝连接,移动蜂窝连接,网络弹性,集群,移动蜂窝混合连接	增强型移动宽带(eMBB):按需热点

2.4　国外卫星通信系统发展趋势

从国外卫星通信网络发展现状可见,高轨卫星通信网络发展较为成熟,中低轨卫星通信网络是当前发展热点,许多新兴的低轨卫星通信星座正在火热规划中。总体来看,国外卫星通信网络有如下发展趋势[23]:

第一,高轨卫星向高通量方向发展。为支持更多用户数目和更高用户传输速率,国外高轨卫星通信网络普遍向高通量通信卫星(High Throughput Satellite, HTS)发展,通过采用多点波束、频率复用、高波束增益等技术,提供远高于传统通信卫星数十倍的容量。例如,以 ViaSat-3 为代表的超高通量卫星(Very High Throughput Satellite, VHTS),单星通量超过 1 Tbps。在系统覆盖方面,高轨通信系统目前主要以区域覆盖为主,用于技术和市场验证,未来将通过星间组网逐步向全球覆盖发展。

第二,中低轨星座成为卫星网络发展热点。由于中低轨星座具有用户容量大、传输时延短、终端体积小、发射功率低等特点,构建中低轨星座对争夺频率轨位资源、提升网络基础设施服务能力、实施全球战略具有重要意义,新兴的卫星互联网星座更倾向于中低轨道。例如,OneWeb 轨道高度 1200 km,Starlink 星座部署在 330km、550km、1100km 等多种轨道高度。但为了达到全球覆盖,低轨卫星通信网络通常采用复杂巨系统模式,例如 OneWeb 预计发射 2700 颗,Starlink 星座预计发射 4 万多颗。

第三,与地面通信网络合作发展。以早期 Indium 系统为代表的卫星通信网络力图替代地面网络,其系统前期投资过大,错误地定位了市场用户,无法与地面网络相竞争,导致以破产告终。近几年新兴的卫星通信网络通常都采取了避免与地面网络直接竞争,转而进行合作的发展理念,通过为电信运营商提供基站回传等服务,将主要精力放在地面网络无法覆盖的地区,成为地面通信手段的扩展。新兴的高轨卫星通信系统通过采用与地面网络一致的频段和空口,实现用户终端在偏远地区时使用卫星网络,在市区或室内时自动的切换到地面辅助基站,达到卫星网络与地面网络间无缝衔接的效果。O3b 选择地面电信运营商作为合作伙伴，电信运营商通过与 O3b 签署商务协议，即可使用 O3b 服务。

　　第四，向"小卫星大容量"和低成本卫星发展。 随着毫米波器件、激光通信技术发展，低轨卫星逐渐趋于高频段、小波束、低重量、小体积，为实现全球覆盖，卫星分布将进一步密集化。同时，通过采用弯管透明转发，取消星间建链等方式，简化星上处理要求，使卫星配置更简单，大幅度降低单位带宽成本，如 OneWeb 预计系统单位带宽成本约 30 万美元/Gpbs。此外，航天商业化极大地降低了卫星通信网络建设成本，如采用全球产业链配给，可以使卫星制造成本降至单颗 50 万美金；采用"一箭多星"及火箭回收技术将发射成本降低至少 30%，大大缩短部署周期，降低系统建设成本；采用汽车制造理念及 3D 打印技术，使卫星批量化生产能力大幅提升，卫星研制成本与周期显著减少。此外，项目投融资方式采用互联网思维，多轮投资模式不仅确保了项目资金的持续支持，也有效推动了项目进展；系统盈利模式由单纯的带宽出售向数据、内容付费服务转变，通过扩大并利用互联网用户群，牵引形成巨大的商业市场，丰富商业利润来源。

第3章 我国卫星通信系统发展态势

1970年4月24日，我国自主研发的第一颗人造地球卫星东方红一号顺利升空，至此进入了世界航天大国行列。我国通信卫星技术在五十年的发展历程中，从无到有、从小到大，形成了完整的规划、设计、生产、试验体系，培养造就了一支高水平、高素质的卫星研制人才队伍，摸索出一套行之有效的系统工程管理方法，成为中国卫星事业的中流砥柱。如今，通信、导航、遥感等等卫星技术已经渗透到人们日常生活的每一个角落。

3.1 高轨卫星通信系统发展现状

我国卫星通信领域经过几十年的发展，已在多个行业和领域得到广泛应用，目前已初具规模。我国前期建设的宽带卫星通信系统和窄带卫星通信系统已在军事、应急、行业等领域得到了广泛应用，目前已启动多项高通量、宽带移动通信卫星研制建设，低轨小型通信卫星也进入试验阶段，我国高轨卫星通信系统的发展历程如图3-1所示。

3.1.1 天通系列

"天通一号"是我国自主建设的第一代大容量 S 波段 GEO 卫星移动通信系统，在保障国家应用的同时，为民用

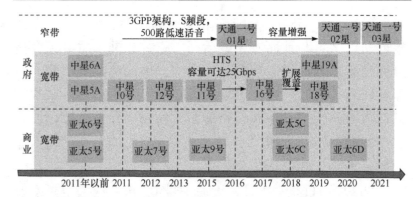

图 3-1　我国卫星通信网络的发展历程

应急和边远、海洋等地区通信提供语音、短信、传真、数据等多种业务。天通一号卫星通过波束赋形技术覆盖我国领土、领海及周边热点敏感地区，同时兼顾印度洋北部及太平洋西部海域。系统具有安全可靠、自主可控的特点，与地面公共网络互联互通，具有 5000 条信道，能够为 100 万用户提供服务，系统利用资源动态管理技术，可以实现波束、功率、频率等资源的高效管理。

天通一号 01 卫星于 2016 年 8 月 6 日在西昌成功发射，定点于东经 101.4°赤道上空的轨位，倾角为 5.5°，可进行轨道机动。经过近两年的测试，天通一号 01 星呼通率、稳定性等指标全部符合要求，达到电信级卫星移动通信服务要求。中国电信卫星公司于 2018 年 5 月开始面向商用市场放号，至此解除了我国对国外卫星移动通信系统的依赖。

天通一号 01 星采用"东方红四号"平台，拥有 109 个国土点波束，2 个海域波束，卫星设计寿命 12 年。前向链路使用 S 频段，返向链路使用 C 频段。卫星可传输话音(1.2～4 Kbps)、传真(2.4 Kbps)、数据(2.4～128 Kbps)、短消息、视频(2.4～384Kbps)业务，支持网状网、星状网，支持集群通信，可与地面专用电话网、指挥专网、军事综合信息网、战术互联网以及公共电话网，地面移动通信网、地面互联网等互联互通，单星信道容量大于 5000 个(基本信道信息速率为 2.4 Kbps)，每波束支持用户数量可以根据需要动态调整(最多可集中系统总容量的 12.5%)，全网信道终端数量不小于 30 万[24]。

2020 年 11 月 12 日，天通一号 02 星在西昌卫星发射中心成功发射，在天通一号 01 星覆盖范围的基础上将我国周边、中东、非洲等"一带一路"涉及的国家和地区纳入保障范围，为用户提供全天候的可靠移动通信服务。

2021 年 1 月 20 日，天通一号 03 星在西昌卫星发射中心成功发射，三星在轨组网将实现中国自主可控的卫星移动通信系统在亚太区域的覆盖。

"天通一号"系统的终端设备主要有手持终端(普通型、增强型)、便携终端、固定终端、载体终端(车载终端、船/艇载终端、机载终端)、数据采集终端五类。

"天通一号"系统的成功运营具有增强我国海洋通信覆盖，提升国家应急通信保障水平，实现卫星移动通信系统自主可控的重大意义。

3.1.2　中星系列

1. 中星 10 号卫星

2011 年 6 月 21 日，中星 10 号卫星成功发射，定点于东经 110.5°，设计寿命 15 年，卫星所有权归中国卫星通信集团有限公司。卫星国土波束可覆盖我国国土及周边地区，海域波束可覆盖渤海、我国东南沿海和周边海域(南到马六甲海峡)。工作于 C 频段和 Ku 频段，具有 46 个透明转发器(C 频段 30 个，Ku 频段 16 个)，主要用于中国及西亚、南亚等国家和地区用户的通信、广播电视、应急通信、数字宽带多媒体等业务。

2. 中星 11 号卫星

2013 年 5 月 2 日，中星 11 号卫星成功发射，定点于东经 98.2°，设计寿命为 15 年，卫星所有权归中国卫星通信集团有限公司。卫星工作于 C 和 Ku 频段，具有 45 个透明转发器，覆盖亚洲、欧洲、非洲、澳洲以及中国海域、印度洋、阿拉伯海等区域，可满足覆盖区域用户的通信、广播电视、数字宽带多媒体及流媒体业务的应用需求。

3. 中星 12 号卫星

2012 年 11 月 27 日，中星 12 号卫星成功发射，定点于东经 87.5°，设计寿命大于 15 年，卫星所有权归中国卫星通信集团有限公司。工作于 C 频段和 Ku 频段，具有 47 个透明转发器(C 频段 24 个，Ku 频段 23 个)，主要覆盖中国、东亚、南亚、中东、东欧、非洲、澳洲和中国海域、印度洋区域，业务类型与中星 11 号卫星相同。

4. 中星 16 号卫星

2017 年 4 月 12 日，中星 16 号卫星成功发射，定点于东经 110.5°，设计寿命 15 年，是我国高轨道高通量通信卫星。中星 16 号卫星的通信总容量达 20 Gbps 以上，比此前提升了 10 倍左右，超过了我国之前所有通信卫星容量的总和。中星 16 号卫星具有 26 个用户点波束，用户终端可以方便快速地接入网络，下载速率最高可达 150 Mbps，回传速率最高可达 12 Mbps，总体覆盖我国除东北、西北之外的大部分陆地和 200 km 内的近海。卫星每波束前向容量 680 Mbps，每波束返向容量 200 Mbps，用户波束发射频率 29.46～30 GHz，用户波束接收频率 18.7～20.2 GHz。中星 16 号卫星的成功发射使我国卫星通信能力实现重大跨越，标志着我国进入了"卫星高通量时代"[25]。

5. 中星 18 号卫星

2019 年 8 月 19 日，中星 18 号卫星在西昌卫星发射中心发射升空，虽然星箭分离正常，但卫星帆板展开失败导致整星掉电抢救无效，最终失去联系。中星 18 号卫星是一颗高轨高通量卫星，若正常工作将在语音、数据，以及视频图像等多媒体卫星应用方面发挥重要作用。

6. 中星 19A 号卫星

2019 年 12 月 27 日，长征五号遥三火箭成功将中星 19A 号卫星(实践 20 号卫星)发射入轨，标志着东方红五号新一代大型卫星平台关键技术取得突破。卫星经历七次变轨后，定点于东经 105.5°的地球同步轨道。

中星 19A 号卫星搭载了甚高通量通信载荷，通过采用 Q/V 频段、宽带柔性转发器、跳波束等先进技术，与中星 16 号相比将带宽提高了近 3 GHz，开辟了 Q/V 频段高通量卫星的先河。此外，中星 19A 号卫星还搭载了三种调制方式的激光终端，可以实现约 10 Gbps 的超高速激光通信，相比传统微波通信，具有抗干扰强、安全保密性好、传输速率大等特点，并可为我国未来空间超高速激光组网积累大量经验。

3.1.3 亚太系列

1. 亚太七号卫星

亚太七号卫星于 2012 年 3 月 31 日成功发射，定点于东经 76.5°，用于接替"亚太 2R"卫星，设计寿命 15 年。卫星搭载 28 个 C 频段和 28 个 Ku 频段转发器，总功率 11.4 kW。亚太公司使用 C 频段为亚洲、澳洲、非洲、欧洲等地区提供电视传输和卫星通信等服务；使用可铰链的 Ku 频段对中国、中东、非洲等地区提供电视传输、卫星新闻采集、VSAT 以及洲际通信业务。此外，卫星配置了 1 个 Ku 频段移动波束，增强了卫星使用的灵活性。

2. 亚太九号卫星

2015 年 10 月 17 日，亚太九号通信卫星发射升空，定点在东经 142°，设计寿命 15 年。亚太九号搭载了 32 路 C 频段转发器和 14 路 Ku 频段转发器，卫星具备铰链功能，能够实现波束切换。卫星的 C 频段主要面向亚太地区，提供优质通信和广播服务，Ku 频段主要面向东印度洋至西太平洋地区的海洋应用，设计了适合海事和机载卫星宽带通信的波束，并专门针对我国周边海域和西太平洋的应用进行了优化。

3. 亚太 6C 卫星

2018 年 5 月 4 日，亚太 6C 卫星(APSTAR-6C)发射，定点于东经 134°，设计寿命 15 年，搭载了包括 32 路 C 频段转发器、20 路 Ku 频段转发器和 Ka 特定区域波束，主要向亚太、太平洋岛国、夏威夷等地区提供高功率的电视转播、VSAT 以及移动蜂窝回传等业务。

4. 亚太 6D 卫星

2020 年 7 月 9 日，亚太 6D 通信卫星发射，定点于东经 134°，设计寿命 15 年。亚太 6D 卫星是亚太系列高通量宽带卫星，也是我国第一颗 Ku/Ka 频段的高轨高通量卫星，还是东方红四号增强型平台全配置首发星[26]。

亚太 6D 卫星共有 34 路 Ku 频段前向转发器、10 路 Ka 频段返向转发器，卫星可实现北至俄罗斯，南至澳大利亚、新西兰，东至夏威夷，西至西太平洋的全覆盖。卫星配置 90 个 Ku 用户波束，8 个 Ka 馈电波束，卫星通信容量 50 Gbps，单波束容量高达 1 Gbps 以上，可为民航客机提供百兆级带宽接入服务，为海事船舶提供千兆级带宽接入服务，能够有效满足亚太地区飞机、船舶以及偏远地区高速上网、数字化转型以及高质量发展的需要。

为满足卫星高通量通信及资源灵活调配的需求，解决波束忙闲不均的问题，亚太 6D 卫星载荷采用了频率和极化复用技术、多端口放大器(Multi-Port Amplifier，MPA)功率动态调配、信关站灵活切换、高指向精度多口径多波束天线、超宽带多带宽多入多出多工器、小型化高集成度单机设计等技术，代表了我国民商用通信卫星研制的最高水平。

3.1.4　典型系统对比

本节将我国典型卫星通信系统的技术指标做了对比，详见表 3-1 所示。

表 3-1　我国典型卫星通信系统指标对比

序号	卫星系统	覆盖情况	卫星轨道	频段	卫星特点	星间链路	支持应用
1	中星 10 号卫星	国土波束可覆盖我国国土及周边地区,海域波束可覆盖北京、渤海、我国东南沿海和周边海域(南到马六甲海峡)	GEO	C、Ku	46 个透明转发器(C30 个, Ku16 个)	不支持	中国及西亚、南亚等国家和地区用户的通信、广播电视、数据传输、数字宽带多媒体等业务的应用需求
2	中星 11 号卫星	卫星波束可覆盖亚洲、欧洲、非洲、澳洲和中国海域、印度洋、阿拉伯海等区域	GEO	C、Ku	透明转发(C、Ku 共 45 个转发器)	不支持	可满足覆盖区域用户的通信、广播电视、数据传输、数字宽带多媒体及流媒体业务的应用需求
3	中星 12 号卫星	卫星波束可覆盖中国、东亚、南亚、中东、东欧、非洲、澳洲和中国海域、印度洋区域	GEO	C、Ku	47 个透明转发器(C24 个, Ku23 个)	不支持	可满足覆盖区域用户的通信、广播电视、数据传输、数字宽带多媒体及流媒体业务的应用需求

序号	卫星系统	覆盖情况	卫星轨道	频段	卫星特点	星间链路	支持应用
4	中星16号卫星	卫星设计有26个用户点波束，总体覆盖我国除西北、东北以外的大部分陆地和近海约200 km海域	GEO	Ka	高轨道高通量，通信总容量20Gbps	—	高通量通信
5	亚太7号卫星	亚洲、中东、非洲、澳洲、欧洲等区域	GEO	C、Ku	透明转发56个转发器(C28个，Ku28个)	—	使用C频段为亚洲、中东、非洲、澳洲、欧洲等地区提供电视传输和卫星通信等服务；使用Ku频段对中国、中东、中亚、非洲提供电视直播、卫星新闻采集、VSAT、特别是跨洲际的Ku通信业务

3.2　中低轨卫星星座发展现状

3.2.1　低轨多功能星座

随着 Starlink、OneWeb、Telesat 等国外低轨星座的迅猛发展，我国也提出多个低轨通信星座系统规划方案，如天地一体化信息网络、鸿雁星座[27]、虹云工程等，采用激光/微波星间链路实现空间组网，相较于传统卫星通信系统，不仅具备传统移动通信功能，还可为全球范围的陆海空天各类用户提供宽带接入、天基物联、导航增强、AIS/ADS-B 等综合服务。2019 年 6 月，天地一体化信息网络的"天象"试验 1 星和 2 星通过搭载发射，完成了组网验证试验。2018 年 12 月，鸿雁星座首颗试验星"重庆号"搭载长征二号丁运载火箭成功发射[27]。2018 年已发射 1 颗虹云技术验证星[28]，首次将毫米波相控阵天线应用于低轨宽带通信卫星，实现了波束动态管理，标志着我国宽带低轨通信卫星网络建设迈出了实质性的一步。

3.2.2　中轨宽带玫瑰星座

中轨宽带玫瑰星座由清华大学提出，并联合上海航天技术研究院等优势单位共同推进，包括 8 颗中轨卫星，轨道高度约 20000 km，轨道倾角 53°，配置速率为 10 Gbps 的星间激光链路，以及对地 Ka/X 相控阵捷变波束，提供多样化、综合宽带互联网接入。星座建设共分三期，2023 年前，建设以 2 颗试验星和地面网络在内的最简系统，开展网络信息核心技术验证；2025 年前，构建初步应用与服务能力，实现全球无缝可达的网络信息体系；2030 年前，开展天基信息服务与体系建设，推进军民融合服务。

3.2.3　行云工程

行云工程由航天科工集团公司提出，计划发射 80 颗低轨窄带通信卫星，计划通过星间激光组网、星地微波互联的方式构建我国低轨窄带通信星座，实现全球物联信息的无缝获取、传输和共享。2017 年 1 月 9 日，"行云试验一号"卫星从酒泉卫星发射中心成功发射，主要验证 L 频段短报文等关键技术。2020 年 5 月 12 日，"行云二号"01 星、02 星在酒泉卫星中心以"一箭双星"方式成功发射。目前，行云工程 β 阶段建设已经启动，计划于 2021 年发射共计 12 颗天基物联网卫星。

3.2.4　其他商业星座

国内政府主管机构、行业领军企业都在积极展开信息空间信息网络的规划和建设，新兴商业公司也积极竞争，星座计划层出不穷。

北京国电高科公司提出的天启卫星物联网星座由 38 颗低轨道、低倾角小卫星组成，其中 36 颗部署在 6 个轨道面，轨道高度 900km，轨道倾角 45°，2 颗部署在太阳同步轨道，计划于 2021 年年底前部署完成。天启星座拟采用更高效的通信体制和频谱效率，突破百毫瓦级终端技术，实现全球覆盖，解决物联网数据通信覆盖盲区的问题，为用户提供可靠、经济的卫星物联网服务。截至 2021 年 5 月已成功发射 12 颗卫星并组网运行。

　　银河航天公司设计的"银河 Galaxy"星座计划在 2023 年前建成 144 颗卫星的宽带星座，采用 Q/V 频段，系统容量超过 20Tbps，首颗 5G 低轨宽带试验卫星已于 2020 年 1 月发射，卫星重约 227kg，轨道高度 1156km，单星通信带宽为 10Gbps，可提供卫星 5G 以及卫星互联网服务。九天微星公司计划于 2022 年完成 72 颗小卫星的物联网星座部署，预计单日数据采集次数高达 5 亿次，实现对重型机械、物流运输、无人设备、海陆空环境等产业的位置及状态信息监控。2018 年 12 月，九天微星一箭七星发射"瓢虫系列"卫星，以验证物联网通信关键技术和多卫星组网能力，并开展商用试运营。2020 年 9 月 1 日，九天微星唐山卫星工厂启动建设，预计 2021 年 6 月底进入生产设备试运行阶段，可实现年产 100 颗以上百公斤级卫星的产能。

第 4 章 我国卫星通信网络
发展的热点难点

4.1 卫星通信技术热点

我国卫星通信网络发展需以国家顶层需求及社会经济发展需要为牵引，首先解决当前我国面临的网络覆盖范围小、信息互通难、服务响应慢、安全有隐患等现实难题。通过充分挖掘天基信息系统的优势，整合传统地面互联网和移动通信网，构建具有全球覆盖、随遇接入、无缝连接、安全可信能力的陆海空天一体化空间信息网络，为我国网络信息体系构建、网络空间安全和战略利益拓展提供支撑。为此，围绕一体化融合网络架构、频率干扰规避、空中接口设计、多波束天线设计、大容量传输、星上处理与路由、高效能平台等技术方向开展专题研究，尽快取得自主创新成果并开展在轨试验及应用示范，形成一批自主知识产权的标准规范和产品，构建一套具有国际先进水平的技术体系，抢占网络信息领域制高点。

4.1.1 一体化融合网络架构技术

由于卫星具有资源受限的特点，无法实现完全的大容量星上处理，在一体化融合网络架构设计时，需重点考虑星上处理能力、星地之间网元功能界面划分、卫星或高速移动用户带来的网络结构变化和移动性管理需求、网络一体化运维管控等问题[29]。

SDN 是当前研究的重要热点之一，通过将控制平面和数据平面解耦，并将网络控制功能集中于 SDN 控制器，实现对网络的灵活配置。网络功能虚拟化(Network Functions Virtualization, NFV)将网络功能以软件加载在通用硬件上，实现软件与硬件解耦[30]。网络切片支持在同一物理网络设施基础上复用多个虚拟化逻辑网络的功能，根据服务等级协议为特定用户提供服务。SDN、NFV 的结合将使一体化融合网络具有可编程、高效率、高弹性的特点，而网络切片技术将进一步扩展一体化融合网络的定制服务能力。

4.1.2　频率轨位干扰分析和规避技术

无论地面通信还是卫星通信，频率轨位一直是十分稀缺的资源，随着国际上 LEO 星座规划的卫星数目急剧增加，如 Starlink 多达上万颗卫星，频率资源争夺已经进入白热化。根据《无线电规则》频率划分规定，LEO 星座卫星通信可使用 C、X、Ku、Ka、Q 和 L 等频段。其中，C 频段与地面 5G 频率重叠，LEO 星座在 C 频段使用受限；X 频段是美军用频段，协调难度大，目前没有 LEO 通信卫星使用；Ku 频段由 OneWeb 最早申报，具有独享 Ku 频段的优先使用权，其他 LEO 星座系统无法共享。Ka 频段是宽带传输的重点频段，申报资料达到了近百份，竞争十分激烈；Q 频段在 WRC-19 大会上明确了其使用规则平等，但目前没有在轨和规划系统,是未来 LEO 星座重点抢夺的频段[19]。

频率轨位协调方案除了确定使用频率之外，还需要解决对其他卫星系统以及自身系统内部的干扰问题。GEO 卫星位置固定，其频率轨位协调和干扰规避方案较为成熟，主要采用多星共轨、空间隔离、转化器混合极化配置、频率复用等技术，但 LEO 星座动态性高，其干扰与时间和发射功率均有关。目前，比较有效的方法是 OneWeb 提出的"渐进俯仰(Progressive Pitch)"技术，通过改变 LEO 卫星信号发射方向和功率来消除对 GEO 卫星的干扰。当星座规模庞大时，基于频谱感知、人工智能(Artificial Intelligence, AI)等先进技术的干扰协调机制显得尤为重要，有待进一步跟踪研究[31]。

4.1.3　星地一体化空中接口技术

目前，卫星移动通信系统与地面移动通信系统的空中接口设计在一定程度上已实现融合，基本思路是采用 3GPP 空中接口分层方案，并针对星地链路特征对物理层波形、MAC 层帧结构、RRC 层资源分配等进行了设计；而卫星宽带通信系统主要采用 DVB-S2X 和 DVB-RCS2 标准，与 3GPP 标准框架在波形和协议设计方面存在较大差别[32]。

DVB 系列标准具有传输波形带宽大，对卫星运动多普勒频移不敏感，且不受时频资源块限制，可使用长码获得更低的解调门限等优势，但 DVB 系列标准存在缺乏跨区切换机制，不支持移动性管理等问题[33]，因此，未来卫星通信网络的空中接口可采用 3GPP 标准框架的协议分层结构和 NAS 层协议设计，但物理层波形设计方案还存在一定的争议。

对于 L、S 频段，采用下行 OFDM/上行 DFT-S-OFDM
方案，但不合适载波数目较多的场景。对于 Ka、Ku 频段，
上行采用 DFT-OFDM，但有学者认为下行采用单载波时分
复用(SC-TDM)波形可获得更好 PAPR 性能。此外，面向 6G
的正交时间频率空间调制(Orthogonal Time Frequency &
Space, OTFS)技术，本质是时频域扩频，可有效降低窄带
干扰，且通过"多普勒横向分配"机制实现单载波 PAPR
性能，对未来星地一体化波形设计有一定的借鉴价值。

4.1.4　多波束天线技术

星载多波束相控阵天线可同时实现多个波束的任意扫
描，收发波束指向可任意调整而互不影响，同时由于没有
机械转动机构，也不会影响卫星姿态。较传统的多波束天
线，多波束相控阵天线的灵活性得到极大提升，在满足宽
带接入服务的同时，还可适用于高速机动用户跟踪、热点
区域灵活赋形、多波位跳波束轮询等应用场景。常用的多
波束相控阵天线主要分为两类，直射相控阵天线、反射面
相控阵天线[34]。

直射相控阵天线使用最为灵活，其频段、覆盖、波束
功率、波束数量均可灵活调整，但整体功耗和重量较大，
波束数量也受到限制。该类天线适用于向各类低轨航天器、
战略导弹、临近空间飞行器及少量高优先等级用户提供点
对点传输服务。

反射面相控阵天线，由于采用了反射面作为无源放大
器，可减少相控阵馈源的设计压力，且仍然保留了波束在
轨动态重构、功率、频率资源及波束覆盖按需调配的能力，

但灵活性介于直射相控阵天线和传统固定波束反射面多波束天线之间。该类天线适用于广域覆盖、波位数量多、用户数量多的宽带接入类服务。

4.1.5　空间高速传输技术

激光通信是采用激光作为载波传递交互信息的一种通信技术，其通信容量比微波通信高 4 个数量级左右。空间激光通信具有发射天线口径小、重量轻、传输数据率高、数据保密性好、抗干扰能力强、频率资源不受限等特点，是未来星间、星地高速传输的主要手段之一。在星间激光通信场景中，通常两个卫星间距离较远，而卫星资源受限，为集中功率，需要卫星终端的发散角较小，并优化跟踪捕获算法，抑制卫星平台抖动、相对运动带来的影响。在星地激光通信场景中，大气湍流、云雾雨等对激光的吸收和散射等都会降低激光通信的可用度[35]，需要突破大规模自适应光学、激光分集接收等技术。此外，太阳光对激光通信存在日凌现象，为此需要结合应用模式，研究太阳光规避策略。同时，还需开展星地激光通信可用度、大规模光电混合交换、激光/微波混合传输、抗辐照长寿命激光器件等关键技术攻关，增强激光通信的使用灵活性和可靠性[36]。

太赫兹通信综合了激光通信和微波通信的优点，具有可用频谱宽、收发天线体积小、波束跟踪简单等优势，是未来解决空间高速传输与组网问题的重要技术手段之一[37]。2015 年，美国贝尔实验室采用倍频发射、肖特基二极管接收检波、二进制基带调制的技术方案，已实现 625GHz 载频、2.5Gbps 的太赫兹通信实验。2017 年，我国也完成了

340GHz 载频、10Gbps 的次谐波混频、正交调制太赫兹通信原型系统，目前正在开展低轨星间传输验证系统和载荷研制。

4.1.6 星上数字化信道转发技术

星上数字化信道转发技术是一种透明转发技术。该技术工作在数字域，通过利用数字带通滤波器组将输入的信号进行滤波，提取所需频段的用户信号，基于采样信号实现不同频段间信号及不同用户子信道间数据的交换[38]。相比于传统的透明转发技术，星上数字化信道转发可实现不同频段、不同波束间信号的交换；同时，相比于再生转发技术，该技术实现相对简单，不依赖于信号物理层调制方式、编码方式等，使用灵活性高，是当今卫星通信研究和使用的热点技术之一[39]。目前，美国的 WGS 卫星采用波音公司 702 平台，其研制的数字化信道转发器最大通道带宽达到 500MHz，可实现最小 2.6MHz 子带带宽的交换。

4.1.7 星上路由技术

卫星网络具有高动态、快时变的特性，因此，整个网络拓扑不断变化带来星间、星地链路的频繁切换，若切换不成功会随时导致通信中断，这对空间路由协议设计的高效性和可靠性提出了挑战。

由于卫星是严格按照轨道运动的，因此，相较于其他动态网络如自主网络、传感器网络等，卫星网络的动态拓扑具有周期性和可预测性。基于这一特征，可以通过路由控制策略来补偿网络拓扑的动态性。目前比较成熟的基于快照技术的虚拟路由算法[40,41]，通过将连续时变的卫星网络切片化，离散成一系列静态的拓扑快照序列并进行路由优化，但这种集中计算的方式，缺乏对流量拥塞、卫星失效的自适应能力。此外，根据实际应用需求，制定综合的、动态的路由策略以及资源分配策略，支持不同用户等级的按需路由转发设计也尤为重要，但卫星具有节点能量受限、计算存储资源不足等特点，需要进行轻量级协议栈设计。

当前，大部分在轨卫星通信系统均采用了透明转发、业务就近落地、全球布站等策略，但全球范围内协调部署信关站对很多国家来说并不实际。Iridium 系统是唯一较为成功的采用了星上路由技术的星座，据相关资料显示，Starlink 和 Telesat 等先进星座均配备星间链路，可以通过空间组网和路由策略实现业务不落地的业务传输，有效提升服务质量。

4.1.8　天基信息港技术

与传统卫星相比，天基信息港是一个全新的天基网络节点概念，由多颗共位的模块化高轨卫星组成，通过高速激光/微波链路互联构成一个"虚拟大卫星"，并与地面信息港协同联通，将空间网、海基网、陆基网等异构网立体集成，实现陆海空天一体化管理。天基信息港具有"功能综合、弹性分散、灵活重构、按需扩展"等特点，将各卫星的计算、处理和存储等资源统一集中到资源池中，搭建以交换为中心、基于开放式架构、分布式可扩展的天基信息处理平台，通过软件加载实现各类数据/信息的汇聚、处理和分发等功能，向各类用户提供面向多任务驱动的天基信息服务。天基信息港涉及的关键技术包括高轨多星共位、港内/港间智能编队、多天线组阵应用、空间计算效能评估等[42]。

4.2　我国卫星通信产业亟待解决的问题

4.2.1　频率轨位资源匮乏

频率轨位是国际共有资源，各卫星主管部门需向电联申报卫星网络资料，采用"先登先占"原则进行申请、协调和使用。美欧日等的数万颗低轨卫星资料已提交申请，包括 Starlink、OneWeb 在内的几个主要星座完成了千余颗卫星的在轨部署。我国后续卫星星座的频率轨位申请和协调，将会承受极大的压力。

低轨星座频率轨道资料，轨道高度一般在 500～1200 km 范围内，频段以 Ku 和 Ka 居多。Ku 频段可用带宽仅 500 MHz，OneWeb 星座利用其天线系统具有专利的"渐进俯仰"技术[43]，独享了 Ku 频段 500 MHz 资源。Ka 频段可用带宽达到了 3500 MHz，美国 FCC 对 Ka 频段使用进行了国内划分，规定高端 1000 MHz 频段划分给美国政府和美军(含北约)专用频段，拟在美国境内提供商业服务的系统只能使用低端 2500 MHz。虽然美国 FCC 对 Ka 频段的使用进行了规定，但是当 Ka 频段用于非静止轨道(NGSO)应用时，各主管部门间的频率协调工作应该按照《无线电规则》第 9 条规定开展。采用先进相控阵跳波束及波束赋形技术，可有效规避干扰，实现对频谱资源的高效使用，可以较好地解决频率轨道资源紧缺的问题。

4.2.2　核心芯片及高端器件存在短板

芯片及器件是影响卫星通信性能的主要因素。当前，由于半导体、材料等技术相对落后，我国宇航级核心器件严重依赖进口。特别是星载抗辐照光器件(光放大器、光探测器等)、星载抗辐照毫米波器件(GaN 工艺 Q/V 频段、Ka 频段器件等)、星载高速数字芯片(AD/DA、FPGA、DSP、CPU 等)等，我国较国际先进水平尚有较大差距。为实现航天强国目标，避免受制于人，必须加大有关领域研究投入，尽快实现国产化替代，有效支撑我国卫星通信产业的有序发展。

4.2.3　卫星批量化制造能力欠缺

在轨卫星数量是制约天基网络能力的重要因素。我国的卫星生产制造和批量部署能力较美国还有很大差距，短期内无法实现大型星座的快速生产和部署。当前，Starlink 等新兴卫星互联网项目采用互联网思维并借鉴汽车制造理念，大幅降低生产成本同时提高制造能力，周产量达 16 颗，小卫星成本降低至 50 万美金；发射采用一箭 60 星及火箭回收技术，成本降低了 30%。我国虽然已经在武汉、天津等地开始打造航天产业基地，但短期内尚无法达到批量化生产能力。

4.2.4　卫星发射及测控能力不足

一般情况下，低轨卫星寿命为 5～7 年，而低轨卫星系统需要成百上千甚至是几万颗低轨卫星组网运行，一旦启动建设，为尽快实现服务能力，须在最短时期内完成全部卫星发射部署。目前我国发射场数量少，发射任务较为密集，商用任务计划获得批准入场难度较大、周期较长，且发射场发射费用太高。未来卫星通信网络卫星数目多、建设周期短，因此，密集的卫星发射任务将推后系统建设进度，急需提高卫星密集发射能力。

　　此外，未来大规模卫星测控需求对我国航天测控网的能力也提出了一定的挑战：一是大规模低轨星座测控，现有航天测运控站网采用集中预分配的资源管控模式，难以满足"随遇接入、按需服务"的测运控需求；二是高轨卫星电推变轨测控，需要适应单次长时间开机和短时间多次开关机模式，变轨过程存在测控资源保障风险。

第5章 未来技术发展展望

　　第一，卫星通信网络规模爆发式增长。由于单颗卫星资源有限，为实现与地面网络可竞争的网络容量和用户规模，国际上当下拟建设和正在建设的卫星通信网络规模持续扩大，呈现爆发式增长。根据 UCS 提供的信息，截至 2020 年 8 月 1 日，全球共发射卫星 2790 颗，其中通信卫星 1381 颗，而 SpaceX 有 523 颗。截至 2020 年 12 月底，SpaceX 已面向 Starlink 计划发射了 955 颗卫星，与其他公司发射的全部通信卫星数相当。根据 SpaceX 公司的计划，Starlink 星座将包含高达 4.2 万颗卫星，其发射也将从现在的一箭 60 星扩到一箭 400 星。同时，Amazon 公司的 Kuiper 星座，规划的卫星数也达到 3000 多颗。然而，随着在轨卫星数量增多，可用频率轨位资源也日益稀缺，后续星座的申请和使用需要采用更复杂的星座优化设计、更高的频率资源等，为我国低轨通信星座的发展带来了一定的阻碍。

　　第二，全频段、高低轨、天地一体化协同发展。早期的卫星通信采用 L、S、C 频段，器件成熟且绕射性好。近年来，随着卫星数量的增多和用户速率要求的提升，对频带资源相对丰富的 Ku、Ka 频段的使用越来越多，也有部分卫星开始使用 Q/V 频段，甚至计划使用太赫兹频段。高轨卫星方面，移动通信卫星多采用 L、S 频段，如我国的天通一号；宽带卫星，特别是 HTS 卫星，多采用 Ku、Ka

频段，如我国的亚太 6D、美国的 ViaSat 系列等。低轨卫星方面，OneWeb 采用 Ku 频段作用户波束、Ka 频段作馈电波束；Starlink 以 Ku、Ka 频段为主，后续扩展到 Q/V 频段；Iridium Next 同时提供 L 频段和 Ka 频段业务波束。整体呈现出 L 和 S 频段主移动业务、Ku 和 Ka 频段主宽带业务的趋势。高低轨卫星协同发展，可综合各轨道的优势，高轨卫星发挥广覆盖、频率协调相对容易、平台能力强的特点，可作为骨干传输网络，并对低轨卫星实现天基管控和中继回传；低轨卫星发挥时延短、成本低的优势，可快速部署形成区域服务能力。高低轨协同发展、天地一体化融合，可有效拓展网络的整体服务区域和业务范围，为不同等级用户提供相应的服务质量(Quality of Serivice, QoS)保障服务，是未来卫星通信网络的发展趋势。

第三，通导遥一体的多功能综合化服务。现有的通信、导航、遥感卫星系统各成体系、独立发展，随着任务需求的多元化，可通过实现三个系统的融合及与地面系统的集成服务，支持任何时候、任何地点的通信传输、导航授时、信息获取，提高网络的快速响应[44]。"亦庄·全图通一号"卫星是我国面向通导遥一体化技术研制的技术验证卫星，于 2018 年 1 月 19 日在酒泉成功发射，可实现 AIS、导航通信一体化载荷、位置报告和搜救信息传递等技术验证。此外，随着业务类型越来越多，未来卫星通信网络将不再具备单一功能，而是兼容移动通信、宽带接入、天基物联、天基中继等多业务，融合 AIS /ADS-B、导航增强、星基监视等多功能，如 Iridium 第一代只提供个人移动通信业务，而二代星座可支持气候变化监视、多光谱对地成像、空间气象监视、航空监视、导航增强等综合业务。

　　第四，软件可定义为按需服务赋能，推动智能化、在轨重构发展。传统卫星软件都是基于具体任务和需求进行定制化设计，因此，不同卫星型号的星载软件架构多元化、各模块复用率不高，型号软件固化后难以在轨修改，软件功能的可扩展性差。为解决上述问题，目前基于软件定义的卫星平台层出不穷[45]，软件定义主要包括路由控制、波形、天线波束等方面软件定义[46]。"量子"卫星配置软件定义载荷可实现覆盖区域、频段、带宽和功率的在轨重新配置；空客公司研发的 OneSat 平台可完全实现在轨覆盖范围、容量和频率等重构；洛克希德·马丁公司开发的智星(SmartSat)可通过软件"推送"改变卫星功能；Thales Alenia Space 公司的"太空灵感"(Space Inspire)可根据业务需求即时在轨调整，实现无缝的服务配置，提高卫星资源的使用效率；波音公司的 702X 系列软件定义卫星平台采用数字有效载荷技术，通过编程定制功率、位置和灵敏度；"天智一号"卫星是我国专门用于验证软件定义卫星关键技术的新技术试验卫星，于 2018 年 11 月 20 日在酒泉发射成功，其采用开放系统架构，通过上注不同 App 完成相应任务。因此，软件定义将是一项重要的新兴航天技术，也是未来卫星通信网络重要的发展趋势。这项技术基于通用化卫星平台在轨调整卫星参数，如功率、覆盖范围、频率和带宽等，实现卫星功能及有效载荷的灵活配置和可重构，有效降低卫星在轨维护和升级成本，为各类用户提供按需服务。

　　第五，人工智能和空间计算为高效管理及在轨处理提

供了途径。未来卫星通信网络由大量异构卫星组成，可向陆海空天各类用户提供多种业务类型，且支持不同终端类型及异质接入媒介。对于如此复杂的巨系统来说，如何有序、有效、高效地进行信息传输、处理、计算、管理显得极其重要，其复杂性及难度远大于常规的单星系统。在卫星通信中引入 AI、高效能空间计算、大数据分析等先进技术，将天基超算平台装载于卫星，可有效增强卫星在轨处理能力、减少冗余信息的空间传输，使网络通过感知预测到服务需求，并能够提前优化部署适配的服务能力，提高网络运行效率。据报道，从 2017 年开始，NASA 已经探索将 AI 技术应用于卫星通信，无需指令即可做出实时决策，并可在突发恶劣太空环境时自行关闭载荷，目前已经开始了基于智能合约与机器学习的星座优化技术研究。此外，Kuiper 星座计划基于亚马逊公司先进的云服务(Amazon Web Services，AWS)可为用户提供遥感、星基监视等信息处理的托管服务。ESA 于 2019 年 7 月 5 日发射 2 颗超级计算纳卫星，搭载可扩展轻量并行超算载荷，增强了在轨数据处理能力。

　　第六，行业和技术的垂直整合。行业和技术的垂直整合，虽然可能增加项目风险，但也可极大地提升研制效率、降低生产成本。SpaceX 是一个成功案例，将火箭发动机、可回收火箭、卫星制造、火箭发射等进行垂直整合，使单颗 Starlink 卫星发射和制造成本低至 153 万美元，仅为竞争对手 OneWeb 的 46%。后续随着二级火箭回收技术突破、超级卫星工厂进一步优化，预计成本还将下降 30% 左右。SpaceX 公司将技术和行业垂直整合，不仅降低了 Starlink

星座的研制成本，还提升了网络部署速度，一跃成为世界上在轨通信卫星数量最多的公司，提升了系统服务盈利能力，形成了市场垄断趋势。未来，SpaceX 计划将 Starlink 星座和汽车行业整合，创造更多商业机遇，创新商业模式，推动全卫星产业链发展。

致　谢

在撰写本书过程中得到中国工程院信息与电子工程学部各位常委的指导和启发。余少华院士提出"卫星通信网络"的立项和布局，对全文进行了把关，提出了很好的意见和建议，特此一并表示衷心的感谢。

作者：汪春霆、徐晓帆、王妮炜、潘沭铭

参 考 文 献

[1] 中国信息与电子工程科技发展战略研究中心. 中国电子信息工程科技发展十大趋势. 指导组: 陈左宁, 卢锡城, 工作组: 余少华, 陆军. 中国工程院信息与电子工程学部, 2019-12-17.

[2] 张洪太, 王敏, 崔万照, 等. 卫星通信技术. 北京: 北京理工大学出版社, 2018.

[3] 汪春霆, 张俊祥, 潘申富, 等. 卫星通信系统. 北京: 国防工业出版社, 2012.

[4] 林源, 韩朝晖. 宽带全球卫星通信系统关键技术及其发展趋势概述// 第十五届卫星通信学术年会论文集, 北京, 2019: 24-28.

[5] 张华冲, 韩星, 谢华军, 等. 海事五代卫星通信系统关键技术分析. 无线电工程, 2019, 49(11): 1009-1013.

[6] ViaSat 推出新型全球宽带通信平台. 数字通信世界, 2016, 135(3):35.

[7] 蓝天翼, 曹梦. 中继卫星商业化发展趋势. 卫星与网络, 2018(11): 30-38.

[8] 陈建光, 王聪, 梁晓莉. 国外软件定义卫星技术进展. 卫星与网络, 2018, 181(4): 50-53.

[9] 张有志, 王震华, 张更新. 欧洲 O3b 星座系统发展现状与分析. 国际太空, 2017(3): 9-32.

[10] 张颖, 王化民. 基于 GSM 的铱星通信系统. 航海技术, 2013(3):36-38.

[11] 苗青, 蒋照菁, 王闯. 下一代铱系统发展现状与分析. 数字通信世界, 2019(7): 21-22.

[12] 张更新, 李罡, 于永. 卫星通信系列讲座之八, 全球星系统概况. 数字通信世界, 2007(12):84-87.

[13] 翟继强, 李雄飞. OneWeb 卫星系统及国内低轨互联网卫星系统发展思考. 空间电子技术, 2017, 14(6):1-7.

[14] Foust J. SpaceX's space-Internet woes: Despite technical glitches, the company plans to launch the first of nearly 12,000 satellites in 2019. IEEE Spectrum, 2019, 56(1): 50-51.

[15] Del Portillo I , Cameron B G , Crawley E F . A technical comparison of three low earth orbit satellite constellation systems to provide global broadband. Acta Astronautica, 2019(159): 123-135.

[16] 刘铁锋, 张明华. 美军转型卫星通信系统及其发展. 卫星与网络, 2011(5): 62-63.

[17] 平良子. 美军转型通信卫星系统发展背景. 电信技术研究, 2005(12): 51-53.

[18] 吴建军, 程宇新, 梁庆林,等. 面向未来全球化网络的欧洲 ISICOM 卫星通信概念系统. 卫星应用, 2010 (5): 59-64.

[19] 汪春霆, 翟立君, 徐晓帆. 天地一体化信息网络发展与展望. 无线电通信技术, 2020, 46(5): 493-504.

[20] TR38.811. Study on New Radio to Support Non-Terrestrial Networks V15.3.0. 3GPP, 2020-07.

[21] TR38.821. Solutions for NR to Support Non-Terrestrial Networks(NTN) V16.0.0. 3GPP, 2019-12.

[22] 汪春霆, 李宁, 翟立君, 等. 卫星通信与地面 5G 的融合初探(一). 卫星与网络, 2018 (9):14-21.

[23] 高璎园, 王妮炜, 陆洲. 卫星互联网星座发展研究与方案构想. 中国电子科学研究院学报, 2019(8): 875-881.

[24] 高菲. 天通一号 01 星开启中国移动卫星终端手机化时代. 卫星应用, 2016(8): 73.

[25] 周慧, 张国航, 东方星, 等. 中星 16 号叩开通信卫星高通量时代大门. 太空探索, 2017(5): 20-22.

[26] 蔡婷. "长征" 三号 B 运载火箭成功发射 "亚太" 6D 通信卫星. 中国航天, 2020(7): 28-29.

[27] 赵聪. "鸿雁" 星座首颗试验卫星发射.中国航天, 2019(1):45-46.

[28] 陈静. 虹云工程首星. 卫星应用, 2019, 87(3):79.

[29] Hafner K. Where Wizards Stay Up Late: The Origins of the Internet. New York: Simon & Schuster, 1998.

[30] 张朝昆, 崔勇, 唐翯祎, 等. 软件定义网络(SDN)研究进展. 软件学报, 2015(1): 62-81.

[31] 靳瑾, 李娅强, 张晨, 等. 全球动态场景下非静止轨道通信星座干扰发生概率和系统可用性. 清华大学学报(自然科学版), 2018(9): 833-840.

[32] 李远东, 凌明伟. 第三代 DVB 卫星电视广播标准 DVB-S2X 综述. 电视技术, 2014, 38(12):28-31,44.

[33] 何健辉, 李成, 刘婵, 等. DVB-RCS2 通信网络拓扑与接入技术研究. 通信技术, 2017, 50(8): 1696-1702.

[34] 陈修继. 通信卫星多波束天线的发展现状及建议. 空间电子技术, 2016, 13(2): 54-60.

[35] Xu X F, Wang N W, Lu Z. Bit error rate analysis of space-to-ground optical

link under the influence of atmospheric turbulence// International Conference in Communications, Signal Processing, and Systems, CSPS, Urumqi, 2020: 2132-2139.

[36] 任建迎, 孙华燕, 张来线, 等. 空间激光通信发展现状及组网新方法. 激光与红外, 2019, 49(2): 17-24.

[37] 郝志松, 张文静. 星间太赫兹通信发射系统初步方案设计. 无线电通信技术, 2012(3): 36-38, 58.

[38] 张世层. 星载柔性转发器的数字信道化器设计与实现. 西安: 西安电子科技大学, 2015.

[39] 凌伟程, 晏坚, 陆建华. 数字信道化器中高阶精确重构滤波器组设计方法与量化分析, 2018, 24(18): 100-105.

[40] Tan H C, Zhu L D. A novel routing algorithm based on virtual topology snapshot in LEO satellite networks// 2014 IEEE 17th International Conference on Computational Science and Engineering, Chengdu, 2014: 357-361.

[41] 王京林, 晏坚, 曹志刚. Optimization of sequent snapshots routing algorithm in LEO satellite networks. 宇航学报, 2009, 30(5): 2003-2007.

[42] 李斌, 刘乘源, 章宇兵, 等. 天基信息港及其多源信息融合应用. 中国电子科学研究院学报, 2017, 12(3): 251-256.

[43] OneWeb's Progressive Pitch™ solution for the efficient use of space and spectrum. https://www.oneweb.world/media-center/onewebs-progressive-pitch-solution[2019-08-01].

[44] 李德仁. 论军民深度融合的通导遥一体化空天信息实时智能服务系统. 军民两用技术与产品, 2018(15): 14-17.

[45] 李薇濛, 王楠楠, 陈建光. 国外软件定义卫星最新发展分析. 中国航天, 2020(8): 45-47.

[46] 孙晨华, 肖永伟, 赵伟松, 等. 天地一体化信息网络低轨移动及宽带通信星座发展设想. 电信科学, 2017(12): 43-52.

b